PUBLICATIONS POPULAIRES.

Société Centrale

D'AGRICULTURE, D'HORTICULTURE ET D'ACCLIMATATION

DU DÉPARTEMENT DES ALPES-MARITIMES, A **NICE**.

RAPPORT

SUR LES

INSECTES RONGEURS DE L'OLIVIER

PAR

M. MARTINENQ,

DOCTEUR EN MÉDECINE,
CHIRURGIEN DE PREMIÈRE CLASSE DE LA MARINE,
CHEVALIER DE LA LÉGION-D'HONNEUR,
EX-MAIRE DE LA SEYNE SUR MER,
MEMBRE DE LA SOCIÉTÉ D'AGRICULTURE, D'HORTICULTURE
ET D'ACCLIMATATION DE NICE.

NICE,

IMPRIMERIE ET LIBRAIRIE CHARLES CAUVIN,

Rue de la Préfecture, N. 6.

1863.

AGRICULTURE.

Le Comité permanent de la Société Centrale d'Agriculture des Alpes-Maritimes, de Grasse, auquel vous avez envoyé, pour être examiné, le mémoire du sieur Bertrand, fermier à Châteauneuf, sur les insectes rongeurs des oliviers, me charge de vous faire connaître le résultat des conférences que j'ai eues avec l'auteur et les conclusions extrêmement utiles à connaître pour sauvegarder les récoltes d'olives, autant que faire se peut, qui découlent des observations faites par cet intelligent agriculteur.

Ces récoltes sont compromises, souvent même annulées, non-seulement par les vicissitudes météorologiques, mais encore et surtout par l'avortement et la chute des nouvelles pousses, la destruction partielle ou totale des feuilles (organes sécréteurs et respiratoires des végétaux, aussi essentiels pour la vie végétale que les poumons pour la vie animale), et par le *rongement* du fruit une fois formé.

Tout le monde connaît le ver rongeur de l'olive, mais tout le monde ne connaît pas les insectes auxquels sont dus la chute et l'avortement des bourgeons et la destruction des feuilles; or, M. Bertrand dit et prouve, selon nous, aussi bien qu'il est raisonnable de le désirer, que ces deux redoutables et pernicieux effets cités sont occasionnés par deux insectes qu'il désigne sous les noms de *Neïroun* et de *Ver noir*.

A part une gelée générale des arbres, semblable à celle qui eut lieu en 1820, les accidents atmosphériques peuvent n'être et ne sont ordinairement préjudiciables aux intérêts des cultivateurs que pendant une ou deux années, tandis que les ravages de ces deux insectes peuvent durer dix à vingt ans, et rendre nuls, ou à peu près, les produit de l'olivier, pendant tout ce long espace de temps, si l'arbre ne meurt pas avant. Une propriété de 200 mottes d'olives, appartenant à un de mes parents, au quartier de St-Pierre de Châteauneuf, arrondissement de Grasse, atteinte par ces insectes, n'a produit, pendant quinze ou seize ans, en moyenne, que six à huit mottes d'olives par années de récolte; ce qui a constitué une perte de 112,000 fr. en seize ans, en comptant huit récoltes au prix moyen de 70 fr., la motte de vingt mesures.

Celui qui enseignerait à préserver les arbres de l'attaque de ces bêtes rendrait donc un immense service à la plus *utile des industries*, comme on dit, bien qu'on agisse trop souvent envers elle comme si elle ne méritait pas cette qualification. Eh bien! si je ne m'abuse, M. Bertrand est parvenu à faire connaître les moyens, non de détruire complétement ces deux espèces d'animaux malfaisants, qui ont leurs raisons d'être tout à fait indépendantes de nos faibles moyens d'action contre eux, mais de les diminuer au point de rendre leur existence à peu près indifférente pour les arbres qu'ils affectionnent; et cela, en les décrivant, aussi bien qu'il le faut, pour ne pas les confondre avec d'autres, en faisant connaître parfaitement leurs habitudes et leurs mœurs, et surtout leur mode et le temps de leur propagation; connaissances d'où découlent des inductions incontestables pour empêcher leur multiplication indéfinie, rendre leur existence plus difficile et diminuer, selon des proportions étonnantes, la possibilité et la longueur du temps de leurs ravages.

Je vais tâcher de faire passer dans l'esprit de mes auditeurs la conviction que le mémoire de l'auteur et l'observation irrécusable de tous les faits qui en forment la base ont fait naître dans le mien.

Selon M. Bertrand, les insectes qui détériorent, amoindrissent ou détruisent même les récoltes d'olives, sont au nombre de trois :

1° Le Neïroun,
2° Le Ver Noir,
3° Le Queiroun.

Les deux premiers, en empêchant l'arbre de fleurir et de fructifier, le troisième, en rongeant le fruit et en diminuant non-seulement la quantité, mais surtout la qualité de son produit.

DU NÉIROUN.

Le *Néïroun*, appelé vulgairement à Grasse *Courcoussoun*, est placé en tête de ces ennemis de nos récoltes, parce qu'il est le plus malfaisant des trois, en ce sens qu'il nuit directement à l'arbre, d'abord, par lui-même, et indirectement ensuite par les facilités qu'il offre à la propagation du Ver des feuilles. Vérité qui vous sera incontestablement et microscopiquement démontrée, comme à moi, par l'auteur.

Voici la description qu'il en donne : « Cet animal est formé d'une petite tête portant deux cornes mobiles, deux mandibules semblables à celles des chenilles ; il a six pattes et quatre aîles, dont deux lui servent de cuirasse, et les deux autres pour voler. Son apparence est d'un noir brun. »

Cette description laisse à désirer, sans doute, pour le naturaliste ; mais elle est suffisante pour comprendre que l'insecte est un *Coléoptère*, et permettre aux personnes, qui voudraient en connaître le nom scientifique, de faire les études nécessaires pour cela. Notre devoir à nous est, surtout, de vulgariser les vérités utiles, découvertes par M. Bertrand, et ce n'est pas par des mots et des phrases techniques que nous pourrons les faire facilement admettre par ceux à qui nous devons plus particulièrement nous adresser. En ajoutant à cette description les dimensions de l'animal, nous remplirons la lacune laissée par l'auteur, et nous connaîtrons tout ce qu'il nous importe le plus d'en connaître descriptivement. Eh bien ! ce redoutable ennemi n'est pourtant pas plus gros qu'un petit grain de millet, et ne mesure pas plus d'un millimètre, de la tête à la queue, et moins encore, transversalement.

Au surplus, il n'est, je pense, aucun de nous qui ne le connaisse, ou du moins qui ne l'ait vu à l'œuvre lorsqu'il s'introduit, pour y déposer ses œufs, sous l'écorce des branches provenant de l'élagage des oliviers, pratiqué à la fin de l'hiver et au commencement du printemps. Branches qui, dans un court espace de temps, sont alors criblées de petits trous, rendus sensibles par une poussière jaunâtre provenant du *rongement* intérieur de l'écorce et du bois, et repoussée au dehors par l'animal, qui cherche à établir sa galerie intérieure.

Les branches qu'il préfère sont les moyennes, où il trouve une écorce tendre, épaisse et conservant plus longtemps que les plus petites, le degré d'humidité nécessaire pour que le développement complet de l'œuf puisse s'effectuer. Les œufs déposés dans les trop petites branches, et les larves qui en proviennent, y meurent le plus souvent à cause de la *minceur*, de la sécheresse, et du retrait consécutif de cette écorce, qui les comprime et s'oppose ainsi à leur nutrition et à leur développement ultérieur. Il est facile de voir ces larves avortées sur les trop petites branches.

On peut s'assurer aussi que l'animal ne s'introduit dans les branches coupées qu'à l'époque dont nous avons parlé (à la fin de l'hiver et au commencement du printemps), en coupant des branches après l'époque de la ponte, soit en plein été, en automne ou en hiver, et en les laissant aussi longtemps que l'on voudra sous les arbres attaqués, ou au voisinage des branches et des broussailles d'élagage, même les plus criblées par lui. Expérience et remarque importante, comme on verra, puisqu'elle nous permettra de fixer l'opinion sur la question tant controversée de l'utilité ou du mal qui peut résulter de la conservation des broussailles et du bois provenant des élagages, dans les propriétés et au voisinage des oliviers, ainsi que sur l'époque la plus convenable pour ces élagages.

Voici maintenant, selon l'observateur en question, les mœurs, les habitudes et le mode de propagation du *Néïroun:*

Le *Néïroun* ronge et perce l'écorce tendre de l'olivier autour des jeunes pousses qui doivent assurer la récolte future, il traverse quelquefois la base des petits rameaux de part-en-part. Dans tous les cas, il creuse autour de ces jeunes pousses, qui bientôt alors se flétrissent et tombent, des cavités oblongues mesurant cinq à six millimètres, au plus, en longueur, et trois ou quatre en largeur; il semble préférer l'angle formé par deux bourgeons, en choisissant toutefois les parties opposées à la direction locale des pluies, et en s'éloignant de ceux qui sont exposés au nord.

Il ne reste pas longtemps dans les trous qu'il a faits. Il les abandonne pour en creuser de nouveaux; et, autant de nouvelles loges creusées, autant de nouveaux rameaux desséchés, et autant de portions de récolte attendue détruites.

Le *Néïroun* habite toute l'année sur l'olivier sauf le temps pendant lequel sa propagation s'effectue, c'est-à-dire, depuis la fin de l'hiver au commencement du printemps, jusqu'en juin et juillet même. La ponte dure quarante-cinq à cinquante jours environ et le développement de l'insecte peut se prolonger jusqu'en juin et juillet même, selon des circonstances de lieu et de température plus ou moins favorables à ce développement. Toutefois, M. Bertrand affirme que si l'on veut trouver encore les mères dans les branches coupées qui leur servent de nids, il faut les y chercher 30 jours, au plus tard, après leur entrée dans ces branches. A l'époque, donc, de la ponte, le *Néïroun* abandonne l'olivier et il se retire dans les broussailles, et les branches, non encore desséchées du dernier élagage, malgré que cet élagage ait été fait en automne, ou au commencement de l'hiver, mais surtout dans les branches toutes fraîches fournies par un élagage de la fin de l'hiver ou du commencement du printemps.

Sans doute, le Coléoptère *Néïroun,* comme tous les autres Coléoptères, meurt après l'accouplement et la ponte. On sait que quelques animaux de cette espèce meurent, le mâle, de suite après l'accouplement, la femelle, après la ponte. Mais, à en juger par la longueur des galeries circulaires tracées pour la ponte et la grande quantité d'œufs que ces galèries contiennent, il paraît certain que la mort de cette espèce n'est pas aussi prompte.

Pour creuser ces galeries, M. Bertrand dit, que la *femelle est précédée d'un mâle*. Je ne l'affirmerai pas, ne m'en étant pas assuré; mais ce qui peut être vérifié par tout le monde c'est que ces longues galeries circulaires, ayant à peu près un millimètre de diamètre, sont creusées en partie dans la portion ligneuse de la branche, et présentent, après avoir enlevé l'écorce, une série de petites ogives, au sommet de chacune desquelles la *femelle dépose un œuf qu'elle enroule dans la poussière du bois rongé*.

La période *ovulaire* paraît avoir échappé à M. Bertrand qui dit, que *la femelle pond ses petits à l'état de vers ayant deux mandibules noires et une apparence grisâtre*. Quoi qu'il en soit, on peut facilement voir ces larves, partant de l'ogive où l'œuf duquel elles proviennent a été déposé, creuser à leur tour, dans le sens de la longueur de la branche, des galeries plus ou moins obliques et perpendiculaires même à celle qui fut creusée par la mère, et arriver ainsi à l'époque de leur complète transformation en *Néïroun*. Développement complet qui varie selon les temps et les circonstances plus ou moins favorables dans lesquelles se trouvent placées les *branches-nids. La ponte commence au printemps et la transformation complète des larves se termine en été vers la mi-juillet environ*. A cette époque, toutes les larves sont devenues *Néïroun*, et on ne trouve plus dans les branches piquées que des larves mortes ou avortées, et les résidus de leur travail souterrain. Dès que l'animal est parfait, il perce l'écorce de dedans en dehors, il sort de sa prison et s'envole sur les oliviers afin d'y commencer le travail destructeur des récoltes que nous connaissons, en choisissant non pas le premier olivier venu, indifféremment, mais celui qui lui convient selon des raisons qu'il n'a pas été possible encore de déterminer d'une manière absolue.

Ainsi donc, si le naturaliste pourrait demander mieux, en fait de description de l'animal, il est certain qu'aucune des circonstances de sa vie, indispensables à connaître pour tirer des déductions pratiques, utiles et préventives surtout, n'a été oubliée par l'observateur.

Maintenant, je pense que vous demanderez, comme moi, à être éclairé définitivement par les questions suivantes que je posai à M. Bertrand après la lecture de son mémoire.

Est-ce bien le *Néïroun* qui fait tomber les nouvelles pousses de l'olivier? Qui les mange dès qu'elles paraissent et qui, en rongeant le pourtour de leur point d'émergence, quand elles sont devenues rameaux, est cause de leur desséchement, de leur chute et, avec elle, de l'annulation de la récolte attendue?

Et M. Bertrand vous montrera, comme à moi, comme j'ai pu maintes fois, depuis lors, le montrer aux autres, des rameaux dans chacun desquels le *Néïroun* sera surpris en flagrant délit de destruction de la base des jeunes pousses, ainsi que les loges qui en résultent. Il vous fera surtout observer que lorsque vous apercevrez, dans l'angle formé par deux petits rameaux, une quantité, à peine appréciable, de cette poudre grisâtre ou jaunâtre semblable à celle que l'on aperçoit à l'ouverture des trous dont sont criblés, à l'époque de la ponte, les rameaux provenant de la taille de l'olivier, faite peu de temps avant le printemps, vous pouvez être certain de trouver au-dessous, en écartant les deux côtés de l'angle, un *Néïroun* caché entièrement dans un trou qu'il a fait et y procédant, pour se nourrir, à son œuvre de destruction.

Le *Néïroun* ne propage-t-il que sous l'écorce des branches coupées de l'olivier?

Et M. Bertrand vous répondra qu'il ne peut pas dire oui d'une manière absolue, mais que ce lieu de dépôt des œufs est un fait indiscutable, et paraît être, en outre, une place d'élection entre toutes pour la ponte de ce *Coléoptère*, puisqu'il l'envahit immédiatement si on en met dans son voisinage au moment où cette ponte doit s'effectuer, ce que tout propriétaire attentif peut affirmer en faisant appel à ses souvenirs.

Le *Néïroun* n'attaque-t-il que les branches et les broussailles coupées à la fin de l'hiver ou au commencement du printemps.

Le *Néïroun* n'attaque les branches coupées de l'olivier qu'à l'époque de la ponte, et l'on peut s'assurer qu'il ne les attaque plus passé ce temps, en en mettant dans son voisinage après ou avant cette époque.

Quelles sont les conditions générales de l'apparition de l'insecte? Quelles sont celles de sa disparition.

Ici, je me joins à l'auteur pour dire que c'est encore le secret de Dieu, et que, comme ces conditions générales ne sauraient dépendre que de causes premières générales, aussi indépendantes de notre science que de notre puissance, leur connaissance ne saurait être d'une utilité aussi immédiatement pratique et utile que celle des moyens à employer pour en diminuer le nombre et les ravages: seul résultat auquel nous puissions raisonnablement prétendre; car, il ne nous est pas plus donné de créer que de réduire à néant les conditions ou raisons générales des phénomènes naturels, quels qu'ils soient.

Quels sont ces moyens de destruction relative?

La connaissance des différentes circonstances de la vie du *Néïroun* dévoilées par M. Bertrand les indique suffisamment; ne s'ensuit-il pas, en effet, puisque la propagation de l'insecte se fait au printemps, et que l'écorce fraîche des branches coupées de l'olivier est le lieu de prédilection de la mère pour le dépôt des œufs et le développement complet de l'animal, qu'il faudrait ne faire l'élagage des oliviers qu'en automne ou en hiver, si l'on est assez heureux pour ne pas avoir le *Néïroun* chez soi :

Ne pas brûler les broussailles restant du dernier élagage si elles sont bien desséchées, mais enfermer le gros bois à l'approche du printemps, loin des lieux fréquentés par le *Néïroun*, pour que les parties de ces branches qui, par leur grosseur ou leur position, ou l'humidité des lieux dans lesquels on les a placées, auraient pu conserver une écorce assez tendre pour donner envie à la mère de les employer comme nids et permettre les transformations successives de l'insecte, ne fussent pas envahies par elle ?

Dans les propriétés, au contraire, malheureusement attaquées par l'insecte, ne conviendrait-il pas de faire l'élagage des arbres à la fin de l'hiver ou au commencement du printemps, de réunir les broussailles en tas, et les branches en petits faisceaux pour multiplier les pièges ; d'attendre ensuite que ces dernières soient bien criblées de trous et farcies d'œufs et de larves, et, puis, alors, de brûler les broussailles en charbonnant les branches-nids à leur flamme, afin d'en dessécher assez l'écorce pour détruire le résultat complet de la ponte.

On serait certain, il me semble, en agissant ainsi, d'en détruire une immense quantité, et de diminuer aussi immensément, avec leur nombre, les ravages qu'ils produisent et la longueur de la durée de ces ravages.

DU VER DES FEUILLES.

Cet insecte, vulgairement appelé *Ver des oliviers*, appartient, selon M. Isnard, membre de la Société, et Receveur de l'arrondissement de Grasse, au genre *Thrips*, de l'ordre des hémiptères, de la famille des aphidiens, il est d'un noir brillant, long de 2 à 3 millimètres, allongé, susceptible de recourber sa partie postérieure en haut quand on l'irrite et terminé par un dard : il a une tête pointue et 2 antennes mouvantes filiformes, 6 pattes, 2 ailes linéaires parallèles au corps, et qu'on ne distingue que lorsqu'elles sont déployées.

Il habite de préférence, pendant l'hiver, dans les trous faits par le *Néïroun*, surtout dans ceux qui sont à l'abri de la pluie, accident atmosphérique que cet animal craint le plus ; ils s'y logent plusieurs ensemble. Dans la belle saison, un grand nombre s'établit sous les feuilles sèches de l'olivier, sur les poiriers, figuiers, et partout enfin où il trouve un abri contre la pluie et le froid qu'il craint aussi beaucoup. C'est dans les loges creusées par le *Néïroun* qu'on peut plus facilement le voir et l'étudier, dans toutes les périodes de son développement. Le choix empressé qu'il fait de ces loges explique pourquoi nous avons pu dire que le *Néïroun* pouvait être considéré comme le plus nuisible des ennemis de l'olivier, et celui qu'il fallait surtout s'appliquer à détruire parce que, outre le mal qu'il fait par lui-même à l'arbre, il est le facteur des habitations de prédilection du thrips, qui s'y trouve plus abrité que partout ailleurs, et plus près des matériaux de sa nutrition ; dans lesquelles il pond, et où il multiplie abondamment et plus sûrement que par tout ailleurs. Ces loges, en outre, font disparaître, par la proximité des parties de l'olivier dont l'animal se nourrit, les mille chances de mort qu'il aurait à courir si, pour se préserver de l'eau, du froid, du soleil, de la neige, etc., etc., il était obligé de parcourir nécessairement la longue étendue qui les sépare des feuilles qu'il ronge, et des écorces dures et recoquillées des gros troncs de l'olivier, et des autres arbres, ou des broussailles gisant à terre, dans lesquelles, à défaut des trous du *Néïroun*, il serait forcé de se retirer. C'est dans ces loges que le *Thrips* dépose ses œufs vers le commencement du printemps, j'en ai vu en juillet et août; œufs microscopiques oblongs, d'un jaune brun. Leur nombre est toujours assez considérable dans chaque trou : c'est aussi dans ces loges que l'on peut facilement suivre les différentes évolutions du germe pour arriver à l'animal complet.

« De l'œuf vient un animalcule, dit M. Bertraud, formé *d'une tête avec deux cornes, il a six pattes et une queue,* toutes ces parties sont noires, mais le reste du corps est de plusieurs couleurs qui varient, du blanc au rouge, selon le degré de développement de ces animaux. A cette période de transformation, ils abandonnent le nid où ils sont nés pour faire place à ceux qui restent à naître, et ils se retirent dans la vieille écorce et dans *la gale* de l'olivier, ils paraissent se nourrir du *suc* de l'arbre jusqu'à l'époque de leur transformation parfaite en *Thrips*. Ils diffèrent d'abord de leur mère, en ce qu'ils sont jaunes avec deux points noirs à la tête, mais ils perdent peu à peu cette apparence par la formation de cercles noirâtres transversaux et circulaires qui finissent par lui donner et la forme et la couleur noire de l'animal complet: c'est alors qu'ils se répandent sur les oliviers pour s'y conduire comme leurs parents, en choisissant de préférence ceux où ils trouvent les trous des *Néïrouns*. M. Bertrand ajoute qu'ils ne résisteraient pas sur les autres aux chances de destruction auxquels ils résistent facilement par les abris sûrs que ces loges leur offrent. »

Je n'ai rien changé à la description de l'auteur parce que il m'a été impossible d'en contrôler tous les détails, mais je puis certifier avoir vu, avec lui, les trous du *Néïroun* farcis d'œufs, de larves et de thrips complets, et m'être assuré que les principaux traits de cette description sont parfaitement exacts.

Cet insecte ronge le haut des tiges, les petits bourgeons et les feuilles nouvelles, organes que nous savons être les plus essentiels de l'arbre, et même les fruits naissants. Il s'établit de préférence sur les oliviers voisins des maisons de campagne.

DU QUÉIROUN
ou Ver de l'Olive.

M. Bertrand ne sait et n'a observé de cet insecte que ce que nous en savons à peu près tous, c'est-à-dire qu'une *mouche,* dont il ignore l'espèce et le nom, pique l'olive, qu'elle y dépose un œuf qui devient larve ou ver, lequel ronge la pulpe du fruit : que cette larve devient chrysalide et qu'enfin une nouvelle mouche semblable à la première en sort. *Cette mouche a une tête avec deux gros yeux, six pattes et deux ailes.*

Il assure que, dans peu de temps, il pourra mieux faire connaître les différentes transformations de cet insecte qui diminue et déprécie si grandement nos huiles.

Pour le moment, il ne donne que le conseil de détruire, plus soigneusement qu'on ne le fait, les nombreuses larves qu'on ramasse dans les lieux, où les olives piquées sont accumulées avant de les livrer au meunier.

Nous pensons que ce sera malheureusement le seul procédé à suivre pour diminuer les ravages d'un insecte qui paraît et disparaît sans qu'on puisse en préciser les causes, qui provient de germes dont nous ignorons les conditions générales d'existence et de développement, et qui paraît devoir être toujours indépendant de nos moyens bien limités de destruction. Toute observation, toute étude des phénomènes naturels, doivent amener, aujourd'hui, avec une augmentation de nos connaissances, un enseignement et un progrès pratique plus ou moins utile.

Quels sont donc les enseignements qui découlent des

observations faites par M. Bertrand? Nous les avons déjà indiqués, mais nous en parlerons de nouveau à cause de leur importance et parce qu'ils serviront à sanctionner les conclusions de notre rapport : l'importance et l'utilité de ces conclusions sont capitales. S'il n'en était pas ainsi, si, du moins, je n'avais pas cru qu'il en fut ainsi, je ne vous aurais pas prié de vouloir bien me prêter votre attention. Puisse votre approbation me prouver que je ne me suis point fait illusion.

Récapitulation de ces enseignements et déductions logiques qui en ressortent :

Le *Néiroun* attaque les jeunes pousses de l'olivier, il les fait tomber après avoir déterminé leur desséchement, il détruit ainsi les chances d'une nouvelle récolte.

Il produit ces ravages en creusant le pourtour des points d'émergence des jeunes pousses et en rongeant même ces jeunes pousses quand elles sont à l'état de bourgeons commençants. Les loges qu'il forme, délaissées par lui, servent de nids de prédilection aux œufs du ver rongeur et destructeur comme lui et des jeunes pousses et des feuilles.

Indestructible d'une manière absolue, à cause de son infinie quantité et de sa petitesse, il n'offre de moyen d'action efficace sur lui, que la destruction de ses petits qu'il accumule à l'époque de la ponte, peut-être en différents endroits, mais principalement sous l'écorce des branches de l'élagage précédent, si cette écorce reste assez tendre pour permettre à l'animal de s'y introduire.

La ponte a lieu à la fin de l'hiver et au commencement du printemps.

Les transformations successives de l'insecte s'effectuent pendant les trente ou quarante jours qui suivent le commencement de la ponte, elles durent même jusqu'en juillet selon les lieux et le temps.

Il faut donc, ainsi que nous l'avons déjà dit, *brûler le menu bois de l'élagage dès que la ponte est terminée, et charbonner à cette flamme les branches piquées* pour tuer tous les œufs et toutes les larves qu'elles contiennent.

C'est évidemment le seul moyen qu'il soit donné à l'homme d'employer contre cet ennemi si redoutable et cependant si petit.

Évidemment, aussi, en agissant de cette façon, on en détruirait, autant que possible, puisqu'on anéantirait une ponte entière, *dont le développement seul serait à craindre après la mort de la génération entière d'où elle provenait.*

Mais pour obtenir de ce moyen simple et facile tout le profit qu'on se proposerait, il faut que la conviction de la vérité des observations de M. Bertrand soit partagée par tout le monde, pour que tout le monde, sentant la nécessité d'agir ainsi que nous le recommandons, concoure à la destruction de ce *coléoptère* ruineux, et que le voisin ne nuise pas, par son apathie ou son défaut de foi, à la propriété de celui qui aurait fait tout ce qui dépendait de lui pour s'en débarrasser.

Or, nous savons tous quel est l'empire de la routine chez les agriculteurs, surtout chez ceux qui, étrangers aux sciences, ne sauraient comprendre qu'on puisse leur en remontrer par des travaux et des connaissances acquises dans un cabinet, avec une plume et non une bêche à la main.

Il ne sera donc possible de vulgariser les vérités proclamées ici, et d'obtenir la mise en pratique des moyens préventifs à employer pour la conservation de nos récoltes, que si l'autorité instruite et convaincue consentait à prendre, contre le *Néïroun*, les mesures administratives qu'elle a cru devoir prendre, contre les *chenilles*, par exemple, et à édicter une pénalité suffisamment coercitive contre la non-exécution des moyens de destruction recommandés contre ce funeste insecte. Dans ce cas, nous pensons qu'un des plus sûrs moyens pour obtenir le concours de tous, serait de donner au garde-champêtre le droit et de lui imposer le devoir de faire connaître à l'autorité les voisins qui, par incurie ou mauvaise volonté, n'exécuteraient pas les prescriptions légales et nuiraient ainsi aux propriétés limitrophes des leurs.

Ici se présente de nouveau une question assez importante pour que nous nous en occupions de nouveau aussi, c'est celle de l'élagage des arbres.

Quand doit-on élaguer les oliviers ? et que faut-il faire du produit de l'élagage, c'est-à-dire des broussailles et des branches plus ou moins grosses qui en résultent ?

Puisque le *Néïroun* n'attaque les branches coupées que pour y déposer ses œufs et seulement à partir de la fin de l'hiver, au mois de juin ; puisqu'il ne les attaque nullement en plein été, en automne ou en hiver, après le temps de la ponte enfin ; il semblerait que l'élagage des arbres ne devrait être fait qu'à la fin de l'été ou en automne, ou en hiver même, et que, par conséquent aussi, on pourrait, sans danger, conserver les broussailles et le bois des élagages, faits à ces époques, sans porter le moindre préjudice aux arbres d'une propriété, sous lesquels on les accumule ordinairement. (Il ne faut pourtant pas oublier que les broussailles servent à abriter le ver des feuilles pendant la mauvaise saison). Mais comme il est probable que le dessous encore tendre de l'écorce des branches coupées, depuis longtemps même, n'est pas le seul lieu où le *Néïroun* puisse nicher, que ce lieu n'est qu'un nid de prédilection qu'il choisit quand il en rencontre sur son passage. La connaissance des mœurs et des habitudes de l'animal, et la nécessité bien sentie d'en détruire le plus possible chaque année, porte à conseiller l'élagage même à la fin de l'hiver, afin de se procurer les moyens de s'emparer de la plus grande quantité possible d'œufs et de larves pour les détruire en brûlant les broussailles et tout ce qu'elles abritent et en charbonnant les branches à la flamme de ces broussailles, avant la transformation ultime des larves et leur sortie de leurs galeries sous-épidermiques.

En temps ordinaire et dans un pays où le *Néïroun* n'existe point ou peu (car il y en a toujours là où il y a des oliviers), l'élagage de la fin de l'été, ou celui fait en automne ou pendant l'hiver serait à préférer et l'on pourrait, sans grands inconvénients, quant au *Néïroun,* conserver les résidus de l'élagage dans la propriété jusqu'à la fin de février et jusqu'au commencement de mars, en ayant soin à cette époque, ou de tout enfermer loin des oliviers, ou de surveiller ces résidus et de brûler les broussailles en charbonnant les branches à leur flamme, dès qu'on s'apercevrait que quelqu'une d'elles ont conservé encore assez de fraîcheur pour permettre à l'animal de s'y loger et d'y pondre.

Dans les lieux infestés par ce coléoptère destructeur, il faudrait, au contraire, attendre la fin de l'hiver pour élaguer afin de lui tendre des pièges nombreux et inévitables pour lui, et de s'emparer ainsi de la plus grande quantité possible d'œufs, par la plus grande quantité de lieux de prédilection qu'on offrirait aux femelles à l'époque de la ponte, afin de procéder ensuite à leur destruction complète par le moyen déjà indiqué plus haut, avant l'époque connue, de l'entier développement de l'insecte et de sa sortie de son nid ; c'est-à-dire, encore avant juillet toujours, pendant le mois de juin au plus tard, et dès que l'aspect des branches prouve, par le grand nombre de trous dont elles sont criblées, qu'elles sont farcies d'œufs et de larves, devant détruire toutes chances de récolte future si on laisse s'effectuer leur dernière évolution transformatrice.

Évidemment, en agissant ainsi dans toutes les propriétés, on pourrait, en détruisant sans cesse des millions et des millions d'œufs et de larves, espérer raisonnablement la diminution relative, puis la cessation absolue, ou à peu près, du mal fait par cet animal. Mais, nous le répétons, ce n'est que par le concours simultané de tous les propriétaires que l'on pourra atteindre le but que nous nous proposons.

DU VER DES FEUILLES.

Nous savons aussi que le *Ver des feuilles* attaque, comme le *Néïroun*, les jeunes pousses, qu'il pique et suce les feuilles et qui, de plus, il profite des loges creusées par le *Néïroun* pour s'y établir, y pondre et se placer plus près des parties qu'il doit ronger. C'est dans ces loges qu'il trouve un abri plus sûr contre le froid, la chaleur et la pluie, et c'est par elles que sont diminuées les chances de mort que créérait pour lui le long trajet qu'il serait obligé de faire pour se rendre des anfractuosités de la vieille écorce des gros troncs (un de ses asiles ordinaires à défaut de ces loges protectrices), sur les rameaux extrêmes, où il doit trouver les matériaux de sa nutrition.

Il suit donc de ces découvertes, qu'aux raisons déjà citées pour chercher à détruire le *Néïroun*, vient s'en joindre une autre non moins puissante, celle de priver l'insecte rongeur des organes les plus nécessaires à la vie végétale (les feuilles), d'abris sûrs pour sa ponte, sa reproduction et son existence; insecte dont les dégâts, en se surajoutant à ceux du *Néïroun*, s'unissent pour déprécier les propriétés et ruiner les propriétaires qui ont le malheur d'en être atteints.

En élaguant les oliviers à la fin de l'hiver et en surveillant les résidus de l'élagage pour les brûler à temps et ainsi que nous l'avons déjà dit, on détruirait donc non seulement le *Néïroun* et les vers existant dans ou sous les broussailles, mais on diminuerait considérablement les chances d'une plus facile propagation du ver en empêchant la formation de ces loges protectrices, sans lesquelles le ver ne peut ni vivre ni se multiplier sûrement et abondamment.

N'oublions jamais, en outre, que le ver se loge dans bien d'autres lieux, mais surtout dans et sous les broussailles, que l'on conserve au pied ou au voisinage des arbres, et que, par conséquent, on ne doit pas négliger, quand on enlève ces broussailles, de balayer les feuilles qui couvrent le sol sur lequel elles reposaient, de les entasser et de les brûler *immédiatement* pour que les vers qui pourraient s'y trouver n'aient pas le temps d'en sortir et de se répandre sur les arbres voisins.

DU QUÉIROUN.

Nous n'avons rien à ajouter à ce que nous avons déjà dit du *Quéïroun;* il nous est évidemment impossible d'empêcher la piqûre de l'olive, et son *rongement*, une fois piquée. Les meules des moulins en détruisent immensément; tout ce que nous pouvons faire c'est donc de détruire, plus complétement que nous ne le faisons, les vers que les olives *quéironnées* laissent dans les lieux où on les accumule avant de les vendre.

Ces renseignements et les conseils qui en découlent me semblent assez importants pour prier instamment la Société de vouloir bien prendre sous son patronage les idées et les observations de M. Bertrand, et de le désigner à S. E. M. le Ministre de l'Agriculture comme méritant une récompense majeure, si une commission nommée par elle vient à acquérir, par un contrôle minutieux et sévère des faits cités, la conviction que

M. Bertrand est dans le vrai et qu'il a rendu un service immense aux propriétaires d'oliviers, en leur enseignant ce qu'il faut qu'ils fassent pour sauvegarder définitivement et *sans frais*, leurs précieuses récoltes.

Le rapporteur a vu et il est resté profondément convaincu de ce qu'il avance, que la Société veuille bien voir, et sans doute la conviction sera aussi profonde que la sienne.

Grasse, ce 1er septembre 1863.

MARTINENQ, *D. M.*

GRASSE, ce   Octobre 1863.

MONSIEUR ET TRÈS-HONORABLE COLLÉGUE,

M. le Directeur de la Ferme-École m'a envoyé deux ouvrages sur les insectes de l'olivier, qui m'ont donné l'idée d'ajouter un appendice à mon rapport, afin de prouver que le Sieur Bertrand n'a *plagié* personne. Voici cet appendice que vous joindrez à mon rapport si la Société le juge convenable.

APPENDICE.

MM. Bernard, Ingénieur, Membre de l'Institut, en 1843, et Bompar, Membre du Comice Agricole de Draguignan, en 1848, ont publié le résultat de leurs observations sur la culture de l'olivier et les insectes qui vivent à ses dépens. Le premier, dans une brochure de 124 pages, intitulée : TRAITÉ DE LA CULTURE DE L'OLIVIER, a cru devoir parler aussi des insectes qui vivent sur cet arbre ; les principaux, selon lui, sont :

1° Le *Scarabé moine*, 2° le *Bostriche*, 3° la *Vrillette de l'olivier*, 4° le *Scarabé de l'olivier*, 5° le *Kermès*, 6° la *Psylle de l'olivier*, 7° la *Chenille mineuse*, 8° la *Mouche des olives*.

Le seul d'entre ces insectes qui, par la description qu'en fait M. Bernard, puisse être assimilé au *Neïroun* de M. Bertrand, serait le *Bostriche*; or, voici tout ce que l'auteur en dit aux pages 93 et 94 :

« Insecte à étuis, décrit déjà par l'auteur dans son » histoire du figuier ; deux lignes de longueur, se fixe » sur les branches mortes, *dans lesquelles il ne s'en-* » *fonce pas beaucoup*. Les branches vivantes qu'il atta- » que périssent constamment, il ne s'y établit que » lorsqu'elles sont déjà faibles. Quand on laisse, pendant » longtemps, sous les oliviers, les rameaux des élagages, » ces rameaux, *qui ne renfermaient d'abord aucun de* » *ces insectes*, en sont ensuite pénétrés généralement, » ce qui prouve que le *Bostriche* préfère aux bran- » ches vivantes les mortes, ou déjà fort affaiblies. *Il ne* » *m'a pas paru que les dommages qu'il occasionne soient* » *jamais considérables*. »

Bien évidemment ce n'est pas dans ces lignes que M. Bertrand a puisé les siennes.

Les plus terribles de ces insectes, selon M. Bernard, sont la *Chenille mineuse* et la *Mouche des olives*.

Cette assertion ne prouve-t-elle pas clairement que l'auteur n'a pas compris l'importance majeure des dégâts occasionnés par le *Neïroun ?* Et cependant, si la *Chenille mineuse* diminue d'un quart, d'un tiers, d'une moitié même la récolte ; si la *Mouche de l'olive* déprécie la valeur de l'huile d'un quart, d'un tiers, d'une moitié même encore, si l'on veut, est-ce que l'une et l'autre peuvent concourir en malfaisance avec le *Neïroun* qui supprime la récolte entière ou peu s'en faut?

Quoiqu'il en soit, voici, selon M. l'Ingénieur cité, comment agit cette *Chenille mineuse* dont M. Bertrand ne dit rien : « Elle ronge le *parenchyme* des feuilles, les » bourgeons naissants de la fin des branches, ceux des » fleurs, la chair même de l'olive et enfin l'amande du » noyau. Presque toutes les olives qui tombent sont rui- » nées par cette chenille. Elle entre dans le noyau par » un petit espace qu'on trouve aux environs du pédicule, » et par lequel l'amande tire sa nourriture. En y péné- » trant, l'insecte détruit plus ou moins les liens qui sus-

» pendent le fruit au pédicule et la moindre secousse les » fait tomber. On croit ordinairement que c'est la sé- » cheresse qui est cause de leur chute, mais, ajoute » M. Bernard, cassez le noyau des olives tombées et vous » y trouverez, presque toujours, des *Chenilles mi-* » *neuses*. »

J'ai cru devoir rapporter ce long passage afin de mettre tous ceux qui ont longtemps cru que les olives qui tombent ne sont jetées à terre que par le vent aidé d'une sécheresse antérieure extrême, à même de vérifier la justesse des observations de M. Bernard, qui pense, en outre, que si jamais on découvre un *moyen facile* pour détruire les insectes de l'olivier, *on le devra infailliblement à l'étude approfondie de leur manière de vivre*, et que, *si jamais aussi quelqu'un obtenait ce résultat facile, il n'y aurait pas de récompense qui ne fut au-dessous d'un pareil bienfait* (page 118). Or, M. Bertrand a fait, pour trois des plus dangereux insectes de l'olivier, ce que M. Bernard affirme qu'il faut faire pour en arriver là ; il a réussi pour deux ! Espérons qu'il en sera de même pour le troisième, ainsi que pour la *Chenille mineuse* que nous désignerons à son attention et à son talent observateur.

Pour tout remède à tant de maux, M. Bertrand dit d'attendre « que la Providence, qui permet le mal, per- » mette enfin le concours des causes qui peuvent le dé- » truire.» (page 122).

En attendant, il conseille, comme la seule chose raisonnable à pratiquer pour la conservation de ces arbres précieux, de « *les émonder tous les ans*, (sans indi- » quer l'époque de cette opération), et *de les décharger* » *des branches et des rameaux sur lesquels les insectes* » *ont agi d'une manière marquée.* » Nous avons vu les études de M. Bertrand conduire à des conseils bien autrement précis, importants et utiles.

En 1848, 5 ans après la publication du traité en question, M. Bompar fit paraître un *Mémoire sur les insectes qui vivent aux dépens de l'olivier*, qui, selon lui, « *est » de tous les arbres celui qui a le plus d'ennemis positifs* » (page 8), ces ennemis nombreux il les énumère ainsi qu'il suit : 1° *Trips*, 2° *Psylle*, 3° *Teigne*, 4° *Chenille*, 5° *Pou gris*, 6° *Charançon méridional*, 7° *Sauterelles*, 8° *Limaçons*, 9° *Bostriche*, 10° *Phloiotribe* ou *Vrillette*, 11° *Mouche champêtre*, 12° *Ver de bois*, 13° *Cochenille kermès*, 14° *Pucerons*, 15° *Charançons*, 16° *Chenille de l'amande*, 17° *Rhinocéros*, 18° *Poux rouge*, 19° *Cantharides*.

Le *Trips*, le *Phloiotribe* et la *Mouche champêtre* de M. Bompar, semblent répondre au *ver des feuilles et des jeunes pousses*, au *Néïroun*, et à la mouche d'où provient le *Quéïroun*, du sieur Bertrand de Châteauneuf. La Chenille n° 4, et la chenille de l'amande n° 16, paraissent n'être que le même animal observé dans des mois différents. Il y a du moins, à leur propos, dans le mémoire cité, une indécision et une sorte de confusion dans l'appréciation des caractères distinctifs, qui porte à penser ainsi (1); quoiqu'il en soit, l'une ou l'autre est la chenille mineuse de M. Bernard, et elle forme, avec les trois insectes si bien étudiés par M. Bertrand, les quatre de cette longue nomenclature, qu'il importe le plus de connaître et de détruire, les dégâts occasionnés par tous les autres n'étant rien en comparaison de ceux que ces quatre peuvent produire.

Le *Trips* de M. Bompar « *dépose*, selon lui, *ses œufs » à l'extrémité des tiges du sommet de l'arbre, dans des » petits trous qu'il y trouve.* » M. Bompar ne savait donc pas que ces trous étaient creusés par le *Néïroun*? « *ou » qu'il construit entre l'aubier et le bois.* » M. Bompar croyait donc que ces petits êtres creusaient eux-mêmes leurs loges? il est pourtant difficile d'admettre cela quand

(1) Voir les pages 13 et 21.

on les connaît. Evidemment, en tout ceci, l'observation de M. Bertrand paraît être plus complète et plus vraie que celle de M. Bompar.

Il en est de même de ce qui est dit dans ce mémoire du *Phloiotribe* ou *Neïroun* de M. Bertrand ; on y reconnaît bien, en effet, qu'il attaque les jeunes branches coupées, mais on n'y indique pas l'époque où cette attaque a lieu; d'après la façon d'exposer ce fait, il paraîtrait même que l'auteur a cru que c'était en tout temps que la branche coupée était, en moins de quarante-huit heures, criblée de trous par cet animal. Il ne dit pas que cette attaque n'a lieu qu'à une seule époque précise de l'année ; il n'a pas du tout reconnu la raison pour laquelle il s'introduit dans ces branches ; et il est si peu certain de son observation, qu'après avoir dit, au milieu de la page 15, que l'*insecte naît et vit sur l'olivier*, il se demande, quinze lignes plus bas : « *S'il peut dire que cet insecte naît de la sève en fermentation dans le bois séparé de l'arbre, et si le germe est ambiant !* ». Ces réflexions et ces demandes ne continuent-elles pas à prouver clairement que l'auteur du mémoire ne se doutait ni de l'époque de la ponte, ni de la haute importance de cette connaissance, ni du véritable mode de reproduction de l'animal, et que rien de tout ce qu'il en a dit ne saurait enlever aux découvertes de notre observateur leur originalité, leur nouveauté et leur valeur?

M. Bompar ne dit, non plus, rien de particulier de la mouche *quéironne*. Aussi passerons-nous outre, pour arriver enfin au but final de toutes ces études; *aux moyens de destruction qu'elles seules peuvent indiquer*. Ces moyens, insuffisants et incomplets comme les observations d'où ils découlent, sont de plus ou impraticables ou coûteux ainsi que nous allons le voir.

« 1° Pour détruire le plus d'insectes possible nous exi-
» geons (dit M. Bompar), un simple élagage de prin-
» temps et un d'automne, n'ayant lieu que sur les
» parties les plus rangées des arbres. » (pag. 29).

Evidemment, en agissant ainsi, l'auteur ne peut avoir eu que l'intention d'enlever de l'arbre, avec ses parties les plus malades, le plus d'insectes possible. Rien, dans un pareil conseil n'indique qu'il ait eu l'intention de détruire toute une génération d'animaux malfaisants, en s'emparant des moyens de propagation de ces animaux, qui sont ailleurs que dans les parties de l'arbre, qu'il recommande d'enlever successivement au printemps surtout et pendant l'automne.

Ce premier moyen proposé est donc illusoire, insuffisant et par conséquent inefficace. Voyons la valeur du second.

« 2° Si l'arbre est près de la mort (pag. 31), *ajoute*
» *M. Bompar*, s'il n'a presque plus de feuilles et que
» tout le petit bois soit criblé d'*offenses* d'insectes, c'est
» le cas de recourir aux grands préservatifs. »

Et ces grands préservatifs quels sont-ils? Le *fer* et le *feu*, c'est-à-dire une taille particulière et des torches enflammées !... c'est-à-dire, encore, « une taille faite au
» milieu de mars, de manière que l'arbre *ne conserve*
» *ni feuilles ni petit bois*, excepté à l'une des plus basses
» branches, à laquelle on ne laissera que les rameaux
» qui en forment la sommité, afin de conserver un asile
» aux insectes qui auront échappé à la taille ; et que l'on
» brûlera quinze jours après au moyen d'une torche ! ! »

Beaucoup plus coûteux, et aussi inefficace que le premier moyen proposé puisqu'on brûlerait ainsi ce qui ne contient presque plus d'insectes, et qu'on respecterait ce qui les contient presque tous au printemps afin de travailler à la grande œuvre du renouvellement annuel et futur de l'espèce; ce second moyen, qui équivaudrait presque à la coupe entière de l'olivette, ne saurait être raisonnablement accepté et pratiqué par toute une population.

Évidemment donc, en ceci encore, nous ne trouvons rien qui puisse diminuer la valeur des découvertes de

M. Bernard, et faire mettre en doute son droit à la priorité et à l'originalité de ces découvertes, ainsi qu'aux récompenses dues à tout promoteur d'idées vraies et utiles.

En finissant, je crois devoir ne pas passer sous silence une remarque, plus importante qu'elle ne le paraît, faite par M. Bernard (pag. 91), « parmi les insectes qu'on rencontre sur les oliviers, dit cet auteur, il en est que le préjugé seul peut faire regarder comme dangereux. Je compte parmi ceux-ci, la fourmi et les araignées. » Les oiseaux, les fourmis et les araignées ne vivent que d'insectes et d'animaux plus ou moins nuisibles aux végétaux, et nous ne cessons pas de les détruire dès que nous le pouvons! Faisons-nous bien en agissant ainsi? Je crois, avec M. Bernard, que c'est une question à poser et à résoudre; et pour aider à cela je demande la permission de terminer par le fait suivant. J'avais un pommier attaqué par ces petits insectes verts, qui se logent sous les feuilles, qui les piquent, les sucent et les font se recoquiller, les fourmis survinrent et parurent s'emparer de l'arbre. Je brossai le dessous des feuilles, je détruisis tous les poux verts qu'elles abritaient, et les fourmis disparurent. Avant le brossage elles semblaient venir se nourrir de ces insectes.

MARTINENQ,

Docteur-Médecin.

NOTA. — Les personnes qui désireront connaître tout ce qui concerne ce point important d'agronomie locale, devront consulter l'ouvrage en cinq volumes, intitulé : **Des Productions principales de l'Europe méridionale et particulièrement de celles des environs de Nice**, publié en 1826 par M. ANTOINE RISSO et qui nous a été désigné par M. RISSO, neveu de l'auteur, et l'un des membres les plus zélés de la Société Centrale des Alpes-Maritimes.

5me Publication Populaire.

PUBLICATIONS POPULAIRES.

Société Centrale

D'AGRICULTURE, D'HORTICULTURE ET D'ACCLIMATATION

DU DÉPARTEMENT DES ALPES-MARITIMES,

A NICE.

2me RAPPORT

SUR LES

INSECTES RONGEURS DE L'OLIVIER

PAR

M. MARTINENQ,

DOCTEUR EN MÉDECINE,

CHIRURGIEN DE PREMIÈRE CLASSE DE LA MARINE,

OFFICIER DE LA LÉGION-D'HONNEUR,

EX-MAIRE DE LA SEYNE-SUR-MER,

MEMBRE DE LA SOCIÉTÉ D'AGRICULTURE, D'HORTICULTURE

ET D'ACCLIMATATION DE NICE,

DE LA SOCIÉTÉ DE MÉDECINE DE ROUEN, etc.,

ET DE PLUSIEURS AUTRES SOCIÉTÉS SAVANTES.

NICE,

IMPRIMERIE ET LIBRAIRIE CHARLES CAUVIN,

Rue de la Préfecture, 6,

1864.

AGRICULTURE.

RAPPORT

SUR

LES INSECTES RONGEURS DE L'OLIVIER.

DEUXIÈME PARTIE.

A M. le Président de la Société d'Agriculture et d'Acclimatation du département des Alpes-Maritimes.

MONSIEUR LE PRÉSIDENT,

La question et l'étude des insectes rongeurs de l'olivier sont d'une importance telle, qu'il serait impardonnable de ne pas accepter et *peser* toute observation, les concernant, faite avec intelligence, suite et conscience.

Or : celles que firent MM. Isnard, Reybaud de Grasse, et Daver de Chateauneuf en 1848 et pendant bon nombre d'années suivantes, et que la publication des découvertes de M. Bertrand sur les mœurs et sur les habitudes de ces funestes animaux ont fait connaître par les discussions auxquelles l'exposition de ces découvertes a donné lieu, devant être placées dans cette catégorie, il est du devoir du rapporteur désigné par la Société pour aider à l'élucidation des secrets que renferme cette question majeure, de les rendre publiques afin de compléter, autant que peut le faire l'infime intelligence humaine, les connaissances d'histoire naturelle, qu'il est urgent de vulgariser, pour qu'on puisse établir des règles sûres de conduite dans les soins à donner à ces arbres précieux en vue de les débarrasser de leurs ruineux parasites.

Ces Messieurs observèrent donc en 1848 et pendant les années suivantes, que leurs récoltes d'olives étaient réellement compromises et détruites surtout par les deux principaux insectes le *Neïroun* et le *Thrips* étudiés plus tard, par M. Bertrand; mais, s'étant aperçu que la portion de récolte portée par les rameaux qui avaient échappé au rongement du premier disparaissait peu à peu, sans que la chute d'autres tiges à fruit put en expliquer la disparition successive et complète, ils en conclurent justement que cet effet désastreux secondaire, devait être occasionné par une toute autre cause que cette chute, et par l'action d'un tout autre insecte que celui qui a pour mission de l'occasionner. Après avoir attentivement observé ce fait secondaire et surpris le *Thrips* en flagrant délit de rongement, mieux de succion, des *jeunes feuilles*, de la *pulpe des anciennes*, de *l'extrémité tendre des jeunes pousses*, du *pétiole* de *la fleur* et du *fruit*, ainsi que *de ce petit fruit à peine formé*, lui-même, ils restèrent convaincus que cette seconde période de destruction était produite presque exclusivement par le *Thrips*; et que si l'on admet par exemple que le *Neïroun* puisse détruire un dixième de la récolte, le *Thrips* (auquel nous ajouterions volontiers avec M. Bernard ingénieur (1) la *chenille mineuse* dont MM. Isnard, Raybaud, Daver et Bertrand n'ont pas parlé). Le *Thrips*, disons-nous, aidé de la chenille mineuse peut et doit être regardé comme l'agent destructeur de la plus grande partie des 9/10mes restant, et que par conséquent *c'est l'insecte qu'il est le plus nécessaire et le plus important de détruire.*

Cette conviction est celle de la majorité des propriétaires de Grasse, elle est partagée par les habitants de *Caros* et du *Broc*, qui l'ont formellement manifestée à M. le Sous-Préfet de Grasse pendant sa dernière tournée pour la conscription; et, quoique nous ne l'ayons pas suffisamment fait remarquer dans la 1re partie du rapport, elle est aussi celle de M. Bertrand qui dit, à la page 4 des notes qu'il m'avait remises pour la composition de cette 1re partie : « *On sait que le Thrips préfère le petit fruit* aux *feuilles; son ravage est beaucoup plus fort que celui du Néïroun* (je cite textuellement), mais, ajoute-t-il : *il ne peut s'établir d'une manière permanente et résister, que sur les arbres qui sont d'abord travaillés et rongés par le Neïroun* »; voilà ce qui, avec la découverte des époques et des lieux différents de la ponte de ces deux principaux insectes, constitue l'originalité et l'importance immense de ses observations.

Cette dernière assertion présentée d'une manière aussi absolue, pourra peut-être ne pas être acceptée par tout le monde, mais elle ne saurait être complétement rejetée parce que M. Bertrand affirme pouvoir prouver *de*

(1) Voir l'appendice de la première partie.

visu, que non seulement, dans une propriété atteinte par ces insectes, ce sont les arbres les plus rongés par le *Neïroun* qui sont le plus abîmés par les *Thrips*, mais encore que sur le même arbre et dans une même partie d'arbre, il existe des rameaux offrant des loges creusées par le *Néïroun* et d'autres qui en sont exempts, et que c'est sur les premiers, et non sur les seconds qu'on remarque le plus de *Thrips*, et le plus de mal occasionné par eux: ce que je puis affirmer avoir vu plusieurs fois; ce que l'on conçoit facilement devoir être en se rappelant que *le nid de prédilection du Thrips est la loge creusée par le Neïroun sur l'arbre vivant*, que c'est là qu'il pond, qu'il y naît, qu'il y vit plus sûrement que partout ailleurs à cause de la sûreté de l'abri et de la proximité des parties tendres de l'olivier qui sont destinées à devenir sa proie ; et ce qui justifie la préoccupation en faveur du *Néïroun* avec laquelle a été composée la 1re partie de ce rapport.

La seule différence qui existe entre les observateurs précités et M. Bertrand n'est donc, jusqu'ici, que dans le degré d'importance accordée au *Néïroun* ; les premiers ne lui en accordant presque aucune, et le second au contraire lui en attribuant beaucoup ; or, la vérité semble être plutôt du côté de ce dernier, car, d'après tout ce que nous savons sur l'existence, les mœurs, les habitudes et les dégâts de cet insecte, il ne semble pas possible au rapporteur d'admettre qu'il soit égal d'avoir ou de ne pas avoir des *Néïrouns* dans les arbres, et de ne pas être porté à avouer avec M. Bertrand, qu'une récolte est d'autant plus compromise qu'il y a plus de *Néïrouns* dans les arbres qui l'offrent.

Continuons :

Forts de leur conviction, les observateurs précités se mirent à la poursuite du Thrips, afin d'en détruire autant que possible, et comme ils s'en occupaient pendant la saison chaude, ils en rencontrèrent dans toutes les parties des arbres dévorés par eux, c'est-à-dire, ainsi que l'a dit aussi M. Bertrand(1), dans les rameaux présentant, ou non, des traces du coléoptère ; dans les gales ; dans les exsudations de sève ; les fissures ; sous les rugosités des vieilles écorces, etc. ; mais toujours surtout dans les loges creusées par le *Néïroun* qu'ils virent farcis de petits et de grands Thrips et dans lesquels M. Bertrand découvrit plus tard les œufs de ce dernier animal. Ils travaillèrent de suite, alors, à la destruction de ce *ver* en employant divers moyens, tels que le ratissement des gales et rugosités, et la réception des ratissures sur des draps tendus au-dessous ; l'enfoncement des lames de couteaux, ou de morceaux de bois taillés en spatules dans toutes les fentes ou soulèvements épidermiques, etc., etc., etc., mais ils ne tardèrent pas à s'apercevoir qu'ils pouvaient être comparés, en agissant ainsi contre l'infinie quantité d'ennemis qu'ils voulaient détruire, à ceux qui chercheraient à épuiser l'Océan en en puisant tous les jours quelques verrées. Ils comprirent dès lors, qu'il fallait se contenter de brûler *immédiatement* le menu bois donné par l'élagage fait dans n'importe quelle saison : enfermer de suite aussi dans des lieux sombres, humides et bien clos, les portions de ce menu bois devant servir de provision au rentier, sans s'occuper autrement du *Néïroun*

(1) Voir les pages XII et XXI de la première partie du rapport.

et des grosses et moyennes branches coupées. Branches qu'ils ne surent pas reconnaître, comme M. Bertrand, être le lieu de prédilection des Néïrouns femelles pour y déposer leurs œufs.

Après avoir agi ainsi pendant quelques années, ils virent leurs arbres reprendre, leurs récoltes augmenter, et Dieu et les vicissitudes atmosphériques aidant, ils furent débarrassés de leurs ennemis qui n'ont plus reparu depuis.

En donnant le conseil d'enfermer les résidus des émondages dans des lieux *humides*, ces observateurs sont allés contre le but qu'ils veulent atteindre; l'humidité, en effet, en entretenant la fraîcheur, la *tendreté* des écorces permettrait aux *Néïrouns* et aux *Thrips* de vivre longtemps sur ces résidus si on opérait en été; aux œufs du Thrips de s'y développer comme sur l'arbre végétant; et à la ponte entière du Néïroun d'y parcourir ses diverses phases si l'élagage s'effectuait en hiver ou au moment de sa ponte. C'est dans des lieux sombres, si c'est possible, mais bien secs et bien aérès, bien chauds ou bien froids qu'il faut réunir les résultats des émondages, afin de dessécher, en aussi peu de temps et aussi bien que possible, l'écorce dans laquelle ces bêtes nuisibles trouvent les sucs nécessaires pour se substanter; et leurs produits, les matériaux indispensable pour y propager. Il faut à la larve du *Néïroun*, 30 à 35 jours pour se transformer en animal complet, et pendant tout ce temps-là il est indispensable qu'elle trouve, dans l'aubier les matériaux nécessaires à son développement, ce qui ne saurait se rencontrer dans une écorce sèche et dure.

Admettant donc, maintenant avec nous, l'existence du coléoptère *Néïroun*, la vérité de nos études sur ses mœurs et ses habitudes, sur le temps et sur le mode de sa propagation, ainsi que le grand danger qu'il y aurait à le laisser se propager en trop grande quantité, les mêmes propriétaires demandèrent, dans la réunion qui eût lieu à Grasse le 7 février 1864, pour la vulgarisation des vérités contenues dans la 1re partie de ce travail, de modifier les conclusions de cette première partie de manière à porter l'attention autant vers le *Thrips* que vers le *Néïroun* et de recommander autant, au moins, la destruction de l'un que de l'autre.

Après avoir reconnu que la justesse de ces observations était affirmée par celles de M. Bertrand et les nôtres qui établissent que le Thrips pond, se développe vite et s'abrite de préférence et plus dangereusement pour les arbres, dans les loges creusées par le Néïroun sur les petites branches formant plus tard le menu bois ou les broussailles des élagages :

Que cet animal pond dans ces loges, y propage et s'y développe abondamment surtout en juin, juillet, août et septembre :

Que les émondages des arbres attaqués par ces insectes, exécutés pendant ces mois, doivent donner des broussailles pleines d'une grande quantité de *Néïrouns*, et d'un nombre infiniment plus considérable d'œufs, de larves de *Thrips* et de Thrips complets :

Qu'il y aurait donc un grand danger de donner le temps à ces bêtes malfaisantes de quitter ces broussailles, dès que par leur desséchement elles seraient devenues impropres à les abriter et à les substanter, pour se jeter de nouveau sur les arbres voisins et y recommencer leur œuvre de destruction :

Après avoir réfléchi ensuite au degré de développement

de l'olive nécessaire pour que la chenille mineuse et la mouche *Quéironne* puissent intervenir et détruire ou altérer leur part de récolte.

Votre rapporteur pense qu'il y a lieu de compléter et de modifier les conclusions du premier rapport de la manière suivante, c'est-à-dire de reconnaître :

1° Trois époques dans la période de destruction et de détérioration des récoltes d'olives.

La 1re ou celle du *Néïroun*, commençant à la fin de sa ponte et finissant au commencement de cette ponte pour laquelle l'animal quitte l'olivier afin d'aller déposer ses œufs dans les lieux d'élection déjà désignés : s'étendant donc par conséquent du mois de juin, jusqu'à la fin de février ou au commencement de mars de l'année suivante.

La 2me, ou celle du *Thrips*, commençant dès que les jeunes pousses se montrent ; acquérant son plus grand degré de gravité à la floraison et lorsque le petit fruit apparaît ; et continuant plus ou moins pendant toute l'année en présentant son maximum d'intensité pendant la saison chaude et son minimum en hiver où ces insectes attendent, dans une sorte d'engourdissement, le retour du soleil et du beau temps : s'étendant par conséquent sans lacunes, de juin à juin, parce que la ponte de cet animal ayant lieu de la fin du printemps jusqu'à la fin de juillet et jusqu'au mois d'août, s'effectue sur l'arbre même et non ailleurs comme celle du *Néïroun*. — Remarquons en outre que pendant la saison la plus chaude, les *Thrips* adultes quittent les loges tracées par les *Néïrouns*, que l'éclosion des œufs et le développement des jeunes ont rendu trop petites ; qu'ils s'éparpillent sur toutes les parties de l'arbre, et qu'ils se retirent le soir partout où ils peuvent trouver à s'abriter, et cela, jusqu'aux premières pluies et aux premiers froids, pendant lesquels les trous des *Néirouns* redeviennent leurs lieux de refuge de prédilection. —

La 3me enfin, pendant laquelle la *Chenille Mineuse,* puis la *Mouche Quéironne,* viennent joindre leurs dégâts particuliers à ceux des deux insectes précédents ; commençant à se dessiner dès que l'olive a atteint au moins un développement moyen suffisant pour que la *Chenille Mineuse* trouve dans l'amende de quoi se nourrir, et que la pulpe, ou *Sarcocarpe* du fruit soit assez charnue pour le dépôt de l'œuf et la nourriture de la larve de la *Mouche Quéironne.* Cette époque pourrait être dite exister depuis le mois de juillet jusqu'après la chute des dernières olives.

Quoiqu'on pense de ces époques diverses, qui s'enchevêtrent et se mêlent nécessairement comme l'action des insectes qui servent à les distinguer, toujours est-il qu'il n'est pas oiseux de les indiquer, parce qu'elles mettent de l'ordre dans la connaissance des dégâts que subissent les récoltes pendant le long temps qu'elles restent sur les arbres, et qu'elles peuvent ainsi servir à mieux fixer l'époque des opérations à exercer sur eux, et la raison de la conduite à tenir après ces opérations.

2° Que le *Néiroun* qui (ne craignons pas de le répéter parce qu'il est urgent de le persuader), paraît être l'insecte propre de l'olivier; qui vit toute l'année sur cet arbre; qui existe toujours en plus ou moins grand nombre là ou il existe des oliviers; qui peut exister dans une propriété en assez petite quantité pour ne produire que des dégâts insignifiants, et dont on peut ne pas tenir compte, mais duquel il faut prévenir la propagation trop considérable non seulement à cause du mal qu'il fait mais de celui plus grand qu'il aide à faire : que ce coléoptère, disons-nous, existe toujours plus ou moins dans les résultats des émondages et que la quantité que ces broussailles en contiennent est la moindre à l'époque de sa ponte, c'est-à-dire de fin février à juin et juillet même quelquefois.

3° Que le *Thrips,* qu'on peut rencontrer ailleurs que sur l'olivier; qui, peut-être, trouve des conditions d'existence ailleurs que sur cet arbre; qui pond, se développe et s'abrite de préférence dans les loges creusées par le *Néïroun;* qui, lorsqu'il envahit une olivette, *y produit,* de l'avis de tous, *un ravage beaucoup plus fort que celui de ce dernier insecte;* qui est la principale pour ne pas dire la seule cause de la disparition de la portion de récolte échappée à l'action du *Néïroun,* peut manquer dans les broussailles de l'émondage des oliviers qui n'en sont pas infestés, mais qu'il existe toujours, et en plus grande quantité même que les autres insectes, dans le menu bois de tout élagage fait à des arbres atteints et stérilisés par eux.

4° Que par conséquent : à quelqu'époque de l'année que l'on pratique l'élagage des oliviers, mais surtout pendant la saison chaude et avant les premiers froids, il faut *brûler immédiatement* les broussailles et le plus petit bois qui en résultent, parce que ces parties contiennent toujours une plus ou moins grande quantité de ces insectes malfaisants, et la ponte presque entière du *ver noir* ou *Thrips.*

5° Que pour concilier l'économie, les intérêts et les besoins des rentiers ou des propriétaires, avec les exigences de la destruction la plus prompte et la plus complète possibles de ces insectes, on pourrait conserver une partie des broussailles d'hiver en les enfermant ou non dans des magasins ou lieu secs et froids, où n'existent pas les conditions d'existence de ces bêtes, et où ils meurent en grande partie.

6° Et qu'en définitive la taille des oliviers peut être pratiquée en tous temps en vue de travailler à la destruction de leurs ennemis : *que les broussailles et le menu bois doivent toujours être brûlés le plus immédiatement possible en été* et avant les premiers froids : que les grosses et moyennes branches en provenant peuvent être conservées sans danger dans la propriété, jusqu'à l'époque où leur envahissement par les Néïrouns femelles, indiquée par les milles trous que présente leur écorce, s'effectue (ce que nous savons arriver de la fin février, à juin et juillet même); mais qu'alors il faut ne pas oublier qu'elles contiennent, de la ponte du *Néïroun*, tout ce que l'homme peut en atteindre et en détruire, ce qu'il peut facilement obtenir en les flambant et en les charbonnant légèrement ainsi qu'il a été recommandé de le faire dans la première partie de ce rapport.

Si quelques personnes, espérant des résultats plus explicites, disaient : mais c'est à peu près ce que faisait instinctivement la plus grande partie des propriétaires ! je répondrai : que si elles veulent bien réfléchir un instant à ce qui se disait et se passait avant, il leur faudra avouer d'abord : qu'on ignorait complétement ce que signifiait l'envahissement par le Neïroun des grosses et des moyennes branches coupées; — la croyance générale n'était-elle pas alors, que cette bête provenait de la pourriture de l'écorce des branches, selon surtout le quartier de la lune pendant lequel ces branches avaient été coupées et que ce *Neïroun* bornait ses ravages à ce qu'on observait sur ces branches? — ensuite, que ceux qui brûlaient les brousailles ne savaient pas bien, au juste, ce qu'ils faisaient en agissant ainsi ; que leur exemple seul sans démonstration ni preuves irrécusables de leur conduite, ne suffisait pas pour faire cesser le doute et l'incrédulité des autres et pour commander impérieusement l'attention de l'autorité, qui, pour intervenir, en quoi que ce soit, demande autre chose que des *à peu près* ou des présomptions non démontrées; et j'ajouterai, que la discussion des observations de M. Bertrand a permis à chacun de dire : qu'il ne sait plus seulement à peu près aujourd'hui, mais qu'il sait très pertinemment ce qu'il fera en brûlant et en flambant les résidus des émondages ; et que l'exactitude et la justesse de ces observations, ainsi que la logique des conclusions, en éveillant l'attention de l'autorité lui ont indiqué un nouveau devoir à remplir envers l'agriculture et les propriétaires, qui sont les principaux et les plus solides soutiens du trésor public et des États.

Nous avons vu que MM. *Reybaud, Isnard* et *Daver* crurent pouvoir détruire le *Thrips*, par divers moyens qu'ils reconnurent bientôt insuffisants et illusoires. M. Bertrand, lui aussi, eût cette illusion dès qu'il eût reconnu *l'importance de cet animal et celle de son grand ravage*, et observé surtout que pendant la saison la plus chaude, c'est-à-dire en juillet, août et septembre, les Thrips quittent les trous des Néïrouns — trous qui ne sont plus suffisants pour les loger tous, — qu'ils s'éparpillent sur tout l'arbre et qu'ils vont alors se loger dans les gales et sous les vieilles écorces d'où on les voit partir par files pour aller ronger et sucer les parties tendres des jeunes rameaux, des feuilles et des fruits, puis retourner le soir dans leurs nouveaux abris; M. Bertrand, disons-nous, eût l'idée de rechercher un moyen pour les empêcher d'atteindre les parties destinées à être leur proie, et il imagina une composition visqueuse dont il se servit pour engluer une certaine étendue circulaire des branches lisses portant récolte à leurs extrêmes rameaux. Mais quoiqu'il détruisit ainsi un assez grand nombre de Thrips, il ne tarda pas à reconnaître que lui aussi voulait vider la mer.

Cette expérience eut deux bons résultats toutefois; le premier, de faire évanouir une fausse espérance; le second, d'apprendre une fois de plus combien les effets et les déterminations de l'instinct, du plus petit animal même, se rapprochent parfois de ceux de l'intelligence, puisqu'il lui fut donné de voir que les *Thrips*, qui sortaient de leurs retraites pour aller à la curée, s'arrêtaient quand ils étaient arrivés aux bords inférieurs du liquide défensif, puis retournaient comme certains de l'existence, ailleurs, d'une autre route sans obstacle pour arriver à leur but; et que les *Thrips* répus qui descendaient des extrémités des rameaux pour regagner leurs abris, arrivés aux bords supérieurs s'arrêtaient aussi d'abord, puis avançaient et périssaient dans ce liquide gluant, comme s'ils n'avaient pas ignoré qu'il n'existait pas pour eux d'autres voies pour atteindre leurs asiles protecteurs contre le froid relatif de la nuit, les accidents atmosphériques et les oiseaux, ou toute autre chance de mort, que la voie unique qui se présentait devant eux, et qu'ils n'avaient plus d'autre ressource que d'essayer de surmonter l'obstacle, de le dépasser, ou mourir.

Quelques autres faits, que je demande la permission

de consigner ici, prouveront avec quel soin les habitudes de ces insectes ont été étudiées, et affirmeront ce qui en a déjà été dit. Le jour où M. Bertrand vint chez moi pour répondre aux questions que le résultat de la séance du 7 février tenue à Grasse, m'avait donné l'idée de lui adresser, il avait apporté plusieurs rameaux ravagés par le *Néïroun* et par le *Thrips:* c'était le 24 février 1864, en plein hiver par conséquent, deux fois de la neige et plusieurs gelées avaient passé dessus. Nous y vîmes des *Thrips* et des *Néïrouns* vivants; mais, surtout dans les loges abandonnées par le premier, des enveloppes vides ou coquilles d'œufs de *Thrips,* ainsi que des cadavres de ces derniers qui avaient été tués par la neige; et dans quelques-unes d'elles des exsudations globubuses gommeuses presque microscopiques, qu'on aurait pris pour des œufs de Thrips, à cause de leur forme ovalaire et de leur couleur jaunâtre, et qui servent à la nourriture des hôtes de ces lieux pendant la saison froide.

Un Thrips vivant qui habitait seul un de ces abris creusés par un Néïroun à la bifurcation de deux petits rameaux, fut forcé par nous d'en sortir. Il se mit à circuler sur les deux rameaux, longs de 10 à 12 centimètres, ainsi que sur toutes les feuilles, sans s'arrêter et avec la partie postérieure de son corps et son dard terminal recourbés en trompette. M. Bertrand m'assura que si je plaçais ce rameaux de manière à ce que personne ne le touchât, je trouverai le lendemain cette bête dans la loge que nous l'avions obligé de quitter. Je le fis, et le lendemain, en effet, le Thrips était dans le même trou et dans la même position de la veille lorsque nous l'y découvrîmes, c'est-à-dire, la tête en bas et touchant avec elle le fond de la loge. Il y est resté jusqu'au 8 mars époque où le rameau était tellement sec que l'animal ne trouvant plus en lui ce dont il avait besoin pour vivre avait dû l'abandonner.

Ce fait ne peut-il pas servir à prouver que pendant l'hiver, les Thrips se réfugient surtout dans les trous creusés par les *Néïrouns?* qu'ils y trouvent ce qu'il leur faut pour vivre et attendre le retour du beau temps? Et si M. Bertrand nous prouve, en outre, que c'est aussi là qu'ils s'accouplent, qu'ils y pondent, qu'ils y naissent, qu'ils y grandissent; que c'est de là qu'ils partent pour ravager plus facilement et plus sûrement les arbres, nous resterons convaincus comme lui, que s'il est nécessaire de détruire le *Thrips* qui, quand il existe dans une propriété, produit un dégât beaucoup plus sensible et plus fort que le Néïroun, il n'est pas moins indispensable d'exterminer ce dernier, qui, outre le mal indiscutable qu'il fait, facilite tant la multiplication de son dangereux complice.

Nous trouvâmes aussi un *Néïroun* enfermé dans une cavité qu'il creusait à l'angle formé par la réunion de deux petites branches depuis peu de temps, puisque la poudre repoussée par lui indiquait encore le trou d'entrée, et que son petit corps remplissait exactement la cavité.

Nous séparâmes légèrement les rameaux, l'animal très-vivace en sortit avec ses ailes allongées et sortant en arrière de leur étui. Il se mit à parcourir toute l'étendue des rameaux s'arrêtant à chaque saillie de l'écorce qui indiquait la place d'un bourgeon, et au pourtour de chaque pousse, semblant ainsi reconnaître les lieux et chercher une place qui lui convînt pour ronger, puis n'en trouvant pas, il se remettait à marcher.

« Celui-là, me dit M. Bertrand, ne retournera plus

dans le trou d'où il est sorti. » Je gardai ce rameau, comme celui du *Thrips* et le lendemain je trouvai le coléoptère sur un morceau de carton voisin du rameau et n'ayant pratiqué aucun autre dégât. C'est ce déplacement incessant du *Néïroun* qui rend son existence sur un arbre dangereuse, puisqu'il ne se borne pas à miner un seul rameau, une seule jeune pousse : puisqu'il multiplie ainsi selon des proportions inconnues, et ses dégâts, et les abris du *Thrips*.

M. Bertrand avait promis de nous montrer une *Mouche Quéïronne* vivante, née d'une larve d'olive. Il a tenu parole, et chacun de vous se rappelle l'ingénieux appareil au moyen duquel il était parvenu à faire éclore plusieurs de ces mouches. Les olives piquées qui avaient servi à l'expérience étaient encore dans le verre ou ces mouches voltigeaient.

Cette mouche, qu'il dit formée d'une tête avec deux gros yeux, six pattes, deux aîles et un dard ou pointe au milieu du ventre, pouvant se rabattre en arrière, et y former une queue, a une couleur jaunâtre teintée de bleu. Elle est connue du reste et elle porte en histoire naturelle le nom de : *Dacus oleæ*.

Nous avons dit : que le *Néïroun* paraissait être l'insecte propre de l'olivier, qu'il ne vivait que de l'olivier, etc., etc., etc. (*Voir la page* 11).

Que le *Thrips* peut se rencontrer ailleurs que sur l'olivier, et qu'il trouve peut être ailleurs aussi que sur cet arbre des conditions d'existence et de nutrition etc., etc. (*Voir la page* 12).

Des expériences sont instituées pour prouver la vérité de ces assertions ; il en sera rendu compte dès qu'on aura obtenu un résultat pour ou contre. Nous pouvons déjà assurer que le Néïroun n'attaque que l'olivier. Pour constater ensuite la part relative de destruction afférente au *Néïroun* ou au *Thrips*. M. Bertrand devra suivre les diverses phases de la récolte de 1864, chez M. Guintrand, adjoint du maire du Bar, commune ravagée d'une manière excessive depuis 40 années par ces deux insectes, et où les arbres paraissent moins offensés cette année-ci. Les résultats de ces observations seront soumis à l'appréciation de la société. Il devra aussi se mettre à même de prouver clairement qu'il n'a pas eu tort d'avancer que les propriétés, que les arbres, que les portions d'arbres mêmes, attaqués par le *Néïroun* sont aussi ceux qui sont le plus dévastés par les *Thrips*. En d'autres termes : *que les ravages du Thrips sont en proportion directe du nombre des Néïrouns.*

Il nous reste à faire connaître ce que M. Bertrand sait de la *Chenille mineuse* de l'amande, dont il n'avait pas parlé encore. Eh bien ! à l'inverse de M. Bernard (*Voir la page XXIV du premier rapport*) qui pense que la Chenille mineuse entre dans le noyau par l'attache du pétiole, M. Bertrand affirme que le trou que l'on observe près de cette attache sur une olive minée par cette chenille, a été fait par elle pour sortir du noyau et non pour y entrer, — ce qui impliquerait le fait préalable de la piqûre de l'ovaire avant le développement du fruit, — et il assure que une olive qui tombe parce qu'elle a été atteinte par la chenille, contient cet insecte si elle ne présente pas de trou à l'attache du pétiole, et qu'elle ne le contient plus si le trou existe.

Une autre remarque importante qu'il dit aussi avoir faite est la suivante. La Chenille mineuse n'attaque réellement avec intensité que les oliviers sauvages et ceux qui ne sont pas de l'espèce dite *caillete*.

Ceux-ci n'en sont pas complétement exempts, mais ils ne sont attaqués par elle que dans la proportion au plus d'un vingtième relativement aux autres.

Toutes ces assertions et remarques peuvent et doivent être connues pour que chacun puisse les contrôler et s'assurer ainsi de leur valeur. L'importance de quelques-unes ne saurait être mise en doute par personne; fixons-en donc la valeur réelle, les conséquences pratiques viendront après d'elles mêmes.

Dans tout ce qui précède j'ai évité autant que j'ai pu l'emploi des mots techniques ou scientifiques, afin de ne pas étonner ou fatiguer les intelligences auxquelles ce rapport est plus particulièrement destiné.

Nous croyons que la vulgarisation d'une vérité s'obtient plus sûrement et plus facilement avec des mots et une langue connue de tous, qu'avec des termes nouveaux ou inconnus du plus grand nombre. Ceci n'est pas une partie d'un cours d'histoire naturelle à la *Cuvier;* c'est seulement une étude d'agriculture pratique. Établissons des vérités et des conclusions justes avec les mots et le langage communs, la correction purement scientifique viendra facilement après.

En somme, et comme résumé certain, simple et pratique de toutes ces études, nous pouvons donc établir définitivement, ici, les principales données suivantes pour servir de règles de conduite aux agriculteurs, et de bases de réglementation administrative à demander à l'autorité qui, recherchant avec empressement tout ce qui peut satisfaire l'intérêt général, ne manquera pas de mettre MM. les Maires et MM. les Préfets à même d'imiter le maire de Pélissanne qui a donné l'exemple d'une initiative louable, et dont je joins ici la lettre ainsi que l'arrêté, approuvé par M. le Préfet du département des Bouches-du-Rhône, lequel acte administratif a été exécuté sans obstacle et avec grand profit dans la dite circonscription communale.

Résumé succinct des deux rapports.

L'élagage des oliviers peut être pratiqué en tout temps; mais la conduite à tenir est différente selon les saisons.

Pendant toute la saison chaude, et avant les premiers froids, c'est-à-dire, depuis juin jusqu'aux premiers froids de l'automne, il faut brûler immédiatement, et le soir même, les broussailles de l'émondage, parce que pendant tout ce temps ces broussailles contiennent beaucoup de Néïrouns adultes, la ponte entière des *Thrips,* ainsi qu'une quantité de ces Thrips de tout âge, bien plus considérable que celle des premiers.

On doit entendre par *broussailles* les petits rameaux portant feuilles, jusqu'au diamètre d'un centimètre à un centimètre et demi. Ces rameaux ont une écorce trop mince pour pouvoir servir à la ponte du Néïroun, mais on rencontre en eux les anciennes plaies ou loges faites par le coléoptère, remplies d'œufs de Thrips éclos ou en train d'éclore, de Thrips aux diverses périodes de leur existence, ainsi qu'une quantité plus ou moins grande de Néïrouns en plein travail de rongement des jeunes tiges.

Les branches au-dessus des proportions citées, peuvent être entassées sans danger en quelque lieu que ce soit de la propriété, jusqu'au moment de la ponte du Néïroun; elles ne sont à surveiller qu'au printemps et au moment de cette ponte, c'est-à-dire de mars à juin et juillet même quelquefois si des froids tardifs ont retardé l'accouplement.

Après la saison chaude et les premiers froids de l'automne, *on fera toujours bien de brûler de suite les broussailles*; mais, vers la fin de l'hiver on pourra garder, sans grand danger, ces petits résidus de l'opération afin de pouvoir légèrement charbonner à leur flamme les grosses et les moyennes branches de l'émondage (qu'on aura dû placer par tas dans divers endroits de la propriété, comme autant de pièges inévitables dans lesquels le Néïroun dépose ses œufs sans hésiter partout où il en rencontre), afin de charbonner ces branches-nids à leur flamme, disons-nous, dès qu'on se sera aperçu par les petits pelotons de poussière ligneuse sortant des mille trous dont on les voit criblées, que la ponte du coléoptère a commencé, qu'elle continue et que l'animal a quitté l'arbre végétant pour se mettre à la recherche de ses nids de prédilection.

Si je me suis assez bien expliqué pour être compris, on doit être convaincu qu'en brûlant les broussailles d'été on détruit des *Néïrouns*, des *Thrips*, mais surtout la ponte presque entière de ces derniers: et qu'en flambant pendant les mois de mars, avril, mai et juin, les grosses et les moyennes branches criblées de trous, on détruit presqu'en totalité aussi la ponte du *Néïroun*.

La ponte du coléoptère commence en mars et dure jusqu'au commencement de juillet parfois, pendant tout ce temps-là l'animal quitte l'arbre.

La ponte du Thrips commence au moins en mai; elle est déposée dans les loges creusées par le Néïroun sur l'arbre même, et elle continue sur cet arbre jusqu'en août et septembre. On voit donc que le Néïroun abandonne l'olivier pendant plusieurs mois, c'est-à-dire pendant tout le temps de sa ponte, tandis que le Thrips ne le quitte jamais; il naît, se développe, vit et meurt sur l'olivier.

Les accidents atmosphériques de l'hiver tels que le froid, la pluie, la neige les gelées engourdissent ces insectes, arrêtent leurs ravages et leur propagation, les tuent même en grand nombre souvent, mais il en reste toujours assez dans les parties des branches à l'abri des pluies et de la neige, pour qu'au printemps et en été une propagation considérable nouvelle vienne remplir les vides, si l'on ne cherche pas, par l'exécution de nos recommandations à en réduire la quantité au degré voulu pour que leurs dégâts soient insignifiants. C'est à cela que doivent se résigner nos prétentions, mais c'est assez pour assurer nos récoltes.

On a fait observer, que dans les propriétés bien tenues et régulièrement élaguées par tiers ou par quart, il est difficile d'avoir une quantité assez considérable de grosses branches à offrir aux pondeuses Néïroun, et que dès lors la destruction de la ponte de ce coléoptère peut devenir impossible ou au moins insuffisante par manque de ces branches-nids; à cela nous répondrons : que si le Néïroun ne trouve pas des nids convenables dans une propriété, il va en chercher là où il en existe; — vérité qui indique et nécessite la simultanéité d'action de tous les propriétaires, — et que du reste, il est rare que dans une olivette régulièrement élaguée, il n'y ait pas toujours obligation de couper des branches propres à la ponte, en assez grande quantité pour s'emparer localement d'une bonne partie au moins de cette ponte, tandis qu'il est certain que dans les propriétés non régulièrement émondées ou infestées de ces insectes, il n'en manquera malheureusement pas pendant longtemps, si l'on veut faire un travail régénérateur convenable.

Le Néïroun choisit de préférence les branches les plus grosses, les plus humides et les plus charnues, mais faute d'elles il se jette sur des rameaux plus petits qu'il aurait dédaignés s'il en avait eu de plus convenables à sa disposition ; et je puis affirmer avoir trouvé de ses larves dans une branche de 2 à 3 centimètres de diamètre, coupée depuis plus de 18 mois, mais placée dans un endroit humide, et quoique les parties sous-épidermiques de l'écorce fussent décomposées et comme pourries.

Quelques personnes ont paru étonnées de voir le Néïroun quitter l'arbre végétant pour attaquer la branche morte : une réflexion bien simple de M. Funel de Clausonne, président de la section d'Agriculture de la société, fait cesser cet étonnement. La ponte du Néïroun a lieu au printemps, alors que toutes les parties de l'arbre sont turgescentes de sève ; ceux qui ont vu l'admirable travail de ce coléoptère pour assurer la perpétuité et la propagation de son espèce, comprendront facilement, qu'il ne devait pas tracer ses galeries avec leurs nombreuses ogives latérales au sommet de chacune desquelles il avait à déposer un œuf microscopique, dans une écorce ainsi inondée de sucs mobiles, formant un double courant inverse ascendant et descendant. Ce sont ces presciences admirables et déconcertantes de l'instinct, qui forcent la *superbe* humanie de reconnaître, souvent malgré elle, un plan de création et une providence nécessaire présidant sans cesse et partout à la réalisation de ce plan.

La continuation de nos études, les réflexions provoquées sur les objections faites à nos premières conclusions et la réfutation facile de ces objections par la déduction logique de nos nouvelles observations, n'ont fait que rendre notre conviction plus profonde, et nous permettent d'attendre avec foi et confiance le contrôle et l'approbation du délégué que S. E. M. le Ministre de l'agriculture, du commerce et des travaux publics voudra bien nommer sans doute au plus tôt, pour ne pas retarder plus longtemps l'avènement de vérités aussi utiles à la branche la plus importante de son ministère, puisque sans l'Agriculture, cette principale et indispensable mamelle de l'État, selon Sully, et dont M. de Persigny à pu dire, au concours régional de Roanne, sans craindre d'être démenti, « qu'elle était la première et la plus noble des industries » (il aurait pu ajouter *la plus savante*), qu'elle fait la richesse et la force des États et qu'elle en est la sécurité, puisque sans l'Agriculture, disons-nous, le commerce et le travaux publics prendraient des proportions dérisoires.

Je termine en faisant observer de nouveau, que la lettre et l'arrêté de M. le Maire de Pélissanne, approuvé par M. le Préfet des Bouches-du-Rhône, prouvant qu'il existe des lois qui permettent de prendre des arrêtés préservatifs semblables, nous ne saurions être accusés d'être trop exigeants, en demandant une consécration nouvelle de ce droit administratif et légal pour faire enfin cesser le danger incessant qui menace toute propriété complantée d'oliviers.

Grasse, ce 15 mai 1864.

MARTINENQ,
Docteur-médecin, chirurgien de marine de 1re classe
en retraite, membre de la Société d'Agriculture
et d'Aclimatation des Alpes-Maritimes,
ex-Maire de la ville de la Seyne-sur-mer (Var),
Officier de la Légion-d'honneur, etc.

Depuis la composition de ce 2me Rapport, plusieurs Maires du département, convaincus de la vérité des découvertes que nous cherchons à vulgariser, et de l'importance des mesures préservatrices recommandées ont demandé instamment à M. le Sous-Préfet de Grasse qu'on les autorisât à prendre des arrêtés semblables à celui du Maire de Pélissanne.

Extrait du registre des Arrêtés.

Nous, Maire de la commune de Pélissanne,

Vu la loi du 18 juillet 1837 sur les attributions municipales;

Vu celle du 19 et 22 juillet 1731 sur la police municipale; le livre 4 du code pénal relatif aux contraventions de police;

Considérant que l'usage adopté par les propriétaires d'oliviers de laisser les émondages de ces arbres sécher sur place, dans les vergers, ou de les amonceler sur des aires ou autres lieu pour en faire détacher les feuilles, ou bien encore d'en faire des fourneaux à une époque où la terre n'est pas entièrement sèche, constitue un danger très-grave pour l'avenir de la récolte d'oliviers;

Considérant qu'en effet les rameaux d'olivier en se séchant, sont rapidement attaqués par un ver qui les ronge et donne naissance à une espèce de *charençon* vulgairement nommé *babarotte* (1), qui se jette sur les oliviers voisins, en attaque les rameaux et détruit la récolte;

(1) C'est le même que nous appelons ici *Néiroun*.

Considérant qu'il est de notoriété publique que le nombre de ces insectes va toujours croissant par l'abus qui se fait de l'emploi des rameaux;

Considérant que la récolte des olives constitue la plus grande richesse du territoire de la commune et que rien ne doit coûter pour en assurer la conservation;

Attendu que l'intérêt général commande de promptes et énergiques mesures, quelle que puisse être la gêne qui en résultera pour les particuliers appelés du reste à en recueillir eux-mêmes les avantages;

AVONS ARRÊTÉ ET ARRÊTONS CE QUI SUIT :

ARTICLE 1er. Dans les dix jours qui suivront la publication du présent arrêté, tous propriétaires, fermiers ou mégers seront tenus d'enlever et transporter dans les granges ou dans leurs maisons, ou de détruire par le feu tous les rameaux d'oliviers provenant des émondages par eux laissés dans les champs, ou amassés sur des aires.

ART. 2. A l'avenir le bois d'émondage des oliviers devra être enlevé des champs et enfermé dans les maisons et granges, ou détruit par le feu au fur et à mesure de l'émondage.

ART. 3. Il ne pourra être fait des fourneaux avec les rameaux d'olivier avant le 22 juillet de chaque année.

ART. 4. Les contraventions au présent arrêté seront constatées par des procès-verbaux et poursuivies devant les tribunaux; et en outre, pour éviter les inconvénients du séjour des rameaux, faute par les contrevenants d'enlever les rameaux ou fourneaux dans les 24 heures de la notification qui leur en sera faite administrativement, cet enlèvement et destruction seront faits à leurs frais à la diligence de l'administration municipale, et le remboursement des dits frais sera poursuivi contre eux par les voies de droit sur le vu de la quittance des ouvriers employés.

ART. 5. Notre adjoint, le commissaire de police cantonnal et notre garde-champêtre sont chargés, chacun en ce qui le concerne, de l'exécution du présent arrêté qui sera transmis à M. le Sous-Préfet.

Fait à Pélissanne, en Mairie, le 31 *Mars* 1857.

LE MAIRE,

OLIVIER.

Pélissanne, 4 Mars 1864.

MONSIEUR,

J'ai reçu de M. le docteur Roux de Brignolles, en ce moment à Nice, un exemplaire de votre remarquable rapport sur les insectes rongeurs de l'olivier. En me l'adressant, M. Roux me fait connaître ce qui s'est passé dans une séance de la société d'agriculture de Nice à laquelle il a assisté, et où il a cru devoir parler d'une mesure que j'avais prise ici pour contraindre les propriétaires d'oliviers à enlever de leur verger ou à détruire par le feu les élagages de leurs arbres. Il me demande de vous faire parvenir une copie de cet arrêté, et de vous donner quelques explications. Je me rends avec plaisir à ce désir et fais des vœux pour que l'autorité supérieure s'occupe enfin de nos pauvres oliviers si cruellement attaqués par les insectes que vous avez si bien décrits et par le *noir* qui nous envahit.

La mesure que j'ai prise *et que le Préfet a sanctionnée avec plaisir* a été dirigée contre le *Néïroun* que nous appellons ici la *babarotte,* mais dont les habitudes et les caractères sont les mêmes que vous indiquez; *le résultat a été excellent, non seulement les ravages de cet insecte ne se sont pas étendus, mais ils ont considérablement diminué dans ma Commune. Chez nos voisins, mon exemple n'a pas été suivi et leurs vergers sont décimés.* Voilà en quoi il est regrettable que le Gouvernement qui a tant à perdre si nos magnifiques produits venaient à cesser ne prenne pas des mesures générales pour forcer les retardataires, vaincre les résistances et arriver avec cet ensemble désirable pour combattre le fléau.

Dans cette vue, j'ai fait demander à notre Préfet, par mon conseil municipal, que la maladie du *noir* soit étudiée par des savants spéciaux et que des mesures énergiques soient prises d'après leurs indications.

Jusques à présent ma voix était isolée?..... Je suis heureux de voir que l'on s'éveille autour de nous et que des hommes éclairés et dévoués consacrent comme vous, Monsieur, leur temps et leur savoir à éclairer le public et l'autorité.

Je me félicite de l'occasion qui m'est offerte de vous en exprimer ma gratitude et je vous prie d'agréer l'assurance de mes sentiments les plus distingués.

Le Maire de Pélissanne,

OLIVIER.

Nice. — Imprimerie, Lithographie et Librairie Ch. Cauvin,
Rue de la Préfecture, 6.

94

www.ingramcontent.com/pod-product-compliance
Ingram Content Group UK Ltd.
Pitfield, Milton Keynes, MK11 3LW, UK
UKHW012258240726
13966UKWH00004B/1465